AF343949

PRÉCIS ANALYTIQUE

DU

TRAITÉ GÉNÉRAL DES GRAINS,

ET DE

LA MOUTURE PAR ÉCONOMIE.

PAR M. BÉGUILLET, *Avocat au Parlement,*
Membre de plusieurs Académies.

IMPRIMÉ PAR ORDRE DU GOUVERNEMENT.

Ante omnia dicendum mihi est de operibus quæ familiam sustentant.
HIEROCLES in Œconomic.

A PARIS,

Chez PRAULT, Fils aîné, Libraire du Roi, quai
des Augustins, à l'Immortalité.

M. DCC. LXXIX.

PRÉCIS
ANALYTIQUE
DU
TRAITÉ GÉNÉRAL DES GRAINS,
ET DE
LA MOUTURE PAR ÉCONOMIE.

SI un nouvel Ouvrage économique eſt propre à rebuter par ſon titre & ſon étendue volu-
mineuſe, ceux qui ne cherchent que l'agrément
& le plaiſir, il doit du moins intéreſſer par ſon
objet les perſonnes aſſez ſenſées, pour préfé-
rer l'utile à l'agréable. Tout ce qui concerne
la ſubſiſtance de l'homme, doit être le premier
de ſes ſoins, ſon étude favorite, & ſon occupation principale, puiſque ſon exiſtence
tient aux moyens de ſe nourrir. Le beſoin ſe-
ra toujours un motif aſſez puiſſant, pour l'ex-
citer au travail, & le ſoumettre malgré lui, à
la peine prononcée contre nos premiers parens,
(*in ſudore frontis panem comedes*). Mais dans

A ij

un État formé, où le figne monétaire l'emporte fur les chofes qu'il repréfente , où les métaux tiennent lieu de tout, où les deux tiers de la Nation travaillent fans ceffe pour l'autre tiers ; dans un État, où tous les moyens font concentrés entre les mains d'un petit nombre d'hommes privilégiés, qui répandent les richeffes à leur gré , en faveur de ceux qui leur procurent les jouiffances de luxe ou d'agrément ; dans un État où les inftitutions fociales , les mœurs, les préjugés, les arts frivoles , le goût du luxe & des plaifirs, font regarder l'or & les moyens de l'acquérir, comme le bonheur fuprême ; dans un tel État , dis-je , on déferte les campagnes , pour fe réfugier dans les villes qui s'aggrandiffent fans ceffe, & fe peuplent aux dépens des premieres. L'homme oublie que c'eft la terre qui le nourrit ; il en abandonne la culture, comme peu fruƈtueufe, pour fe jetter dans des profeffions plus lucratives & moins pénibles, *defuntque manus pofcentibus arvis.*

Ne craignons point de le dire ; plus le François, efclave du luxe & de la mode, s'eft diftingué dans les *hautes Sciences*, & dans ce qu'on nomme les *Arts Libéraux*, faits pour charmer l'ennui des gens oififs qui ont réuni toutes les propriétés, & plus auffi il s'eft éloigné de la route du bonheur & des vraies richeſſes. Il étoit deſtiné par la nature de ſon ſol, & la fertilité de ſes terres, par le grand nombre de rivieres qui traverſent le Royaume, en tous ſens, & par l'heureuſe poſition de ſes côtes ſur les deux mers, à être un *peuple agricole & marchand*. Il ſembloit être fait pour reſter attaché à la glebe fertile, qui devoit le nourrir, & au commerce de ſes productions manufacturées. Tant que nos ancêtres ont ſuivi ce plan, ils ont été riches, puiſſans & heureux, même dans les tems les plus reculés.

Qu'on jette en effet un coup d'œil ſur l'état des Gaules, avant l'arrivée des Romains; on y voit une grande nation, compoſée d'environ *quatre cents peuples différens*, reſſerrés chacun dans les cantons (*pagi*) qu'ils cultivoient, & dont le plus foible pouvoit, au rapport de Céſar & de Diodore, mettre juſqu'à 60000 hommes ſur pied. La culture de la terre & l'éducation des troupeaux avoient tellement multiplié ces peuples, ſur un ſol fertile propre à toutes les productions, & les Gaules étoient ſurchargées d'une population ſi nombreuſe, qu'elles étoient forcées de tems à autre d'envoyer des Colonies, pour s'établir dans les autres contrées de l'Europe, & même fonder des Républiques, & des Empires, juſques ſur le

Bosphore, & dans l'Asie. C'est dans les Gaules
que César, après dix campagnes, & après y
avoir égorgé plus d'un million d'hommes, qui
préféroient la mort à la servitude, trouva
encore l'or & les bras dont il se servit pour
soumettre Rome elle-même, & conquérir le
monde entier. Sous les Empereurs, les Gaules
enrichies par la culture, nourrissoient l'Italie
énervée par le luxe. Il y avoit dans toutes les
Villes Gauloises des *Greniers d'abondance*,
où les Grains étoient mis en réserve pour les
besoins de la Ville de Rome & des Légions.
Les Gaulois avoient inventé, selon Pline, l'art
de fertiliser les terres par le mêlange des *Mar-
nes* & des *Glaises*. C'est aux Gaulois qu'on
doit l'*invention des Tonneaux*, comme je l'ai
fait voir dans l'*Œnologie*, ou Traité de la
Vigne & des Vins, imprimé à Dijon, en 1770.

Les mêmes effets furent produits par les
mêmes causes, sous les Francs qui succéde-
rent aux Romains dans les Gaules. Les com-
mencemens de la Monarchie furent brillans,
malgré les ravages de la conquête, & les Guerres civiles des Francs. Les regnes de Childe-
bert, de Gontran, de Dagobert ; les richesses
incroyables dont les Historiens font mention ;
les conquêtes de Pepin l'ancien, & de son fils
Charles Martel ; presque toute l'Europe sou-

mife aux Francs, fous les premiers Rois de la feconde Race, atteftent ce que peut une Nation agricole & guerriere, fous des Chefs occupés de fa gloire & de fon bonheur. Charlemagne donnoit tout-à-la fois des Loix aux Saxons, aux Bavarois, aux Allemands, aux Lombards & aux Romains; & il *dictoit*, en même tems, des *préceptes d'économie rurale* aux Fermiers de fes *Métairies*, comme on le voit dans les Capitulaires *de Villis*. Ce n'eft que depuis les ravages des Normands & l'Anarchie introduite par le *Régime féodal*, que la Nation, devenue efclave des Nobles, des Eccléfiaftiques, & des Seigneurs de Fief, perdit tout efprit de propriété, & tomba dans l'état d'ignorance & d'abrutiffement, dont on voit les triftes effets dans l'Hiftoire.

Quand le pouvoir rentra dans fes droits légitimes, quand le peuple ceffa d'être ferf, & que le Cultivateur pût jouir du fruit de fes travaux, &c. alors l'Etat reprit fa vigueur primitive. Mais les anciens préjugés, puifés dans les fiecles de Barbarie contre les Arts exercés par les ferfs & les mainmortables, fubfifterent toujours, & ne font pas même encore entiérement déracinés. A la renaiffance des lettres, favorifées par la belle découverte de l'Imprimerie, tous les efprits fe tournerent du côté

des Sciences, de l'Erudition & de la Philofophie.
L'étude de l'Hiftoire, du Droit, de la Médecine
fyftématique, des Langues mortes, de la Poé-
fie, &c. devint la principale occupation des
hommes. On négligea les Arts utiles, pour
ceux qui ne font que frivoles & agréables, ou
lucratifs. On peut confulter *l'Hiftoire des progrès & des révolutions de l'Agriculture en
France*, que j'ai donnée dans les fupplémens
de l'Encyclopédie ; on y verra que fon réta-
bliffement eft bien moderne, puifqu'il ne date,
à proprement parler, que du dernier Régne,
& qu'il eft dû principalement aux foins du Miniftre qui eft encore chargé de ce Département.

Des Ecoles d'Agriculture - pratique pour les
Cultivateurs, & les Vignerons ; des Ecoles vé-
térinaires pour la confervation des animaux
utiles à l'homme, & principalement des bê-
tes à laine ; des Ecoles de Meûnerie, où l'on
apprendroit les principes de la conftruction des
Moulins, & les procédés du nouvel Art de
moudre les grains ; des Atteliers toujours ou-
verts à l'indigence, où l'on enfeigneroit l'Art
de préparer les laines, le lin, le chanvre &
la foie, les toiles, & les étoffes ; la recherche
des mines, aux travaux defquelles, on em-
ployeroit les criminels & les mendians valides ;
enfin, des Ecoles d'économie-pratique, & de

tous ces Arts, qui font le foutien de la fociété, vaudroient bien fans doute, celles où la jeuneffe confume le tems le plus précieux de la vie, à des études frivoles, qui ne font pas faites pour le commun des hommes, & qui ne fervent qu'à les éloigner de ces profeffions fi néceffaires. En effet, ces profeffions qui demanderoient le plus de lumieres & de connoiffances, font abandonnées à ceux qui en ont le moins, parce qu'on ne prend pas la peine de les inftruire : le mépris & la mifere, font le partage ordinaire de ceux qui les exercent ; tandis que les établiffemens gratuits, les encouragemens de toute efpece, les éloges, la confidération, les richeffes & le plaifir, font le lot des talens agréables. Telles font les caufes premieres de la *frivolité*, que les étrangers, & les efprits folides reprochent à notre Nation. Au lieu d'un peuple agricole & marchand, que la Culture, le Commerce & les Arts utiles pourroient enrichir & rendre heureux, on ne voit dans les campagnes, que des efclaves exténués de travaux, courbés fous le faix des impôts, & des befoins les plus urgens, & hors d'état de faire à la terre, les avances qu'elle exige, pour les rendre avec ufure. Si des campagnes on rentre dans les villes, on n'y trouve que des Littérateurs, des Poëtes, des Peintres, des Muficiens, des Danfeurs, des Comédiens & des Charlatans de toute efpéce, fans parler de cette multitude innombrable de gens, que la domefticité, & l'Art funefte de la chicane enlévent à la Culture.

Heureux cependant les François, s'ils connoiffoient tous leurs avantages ; *Felices Galli nimium, fua fi bona norint.* Le Gouvernement eft trop éclairé, pour les méconnoître ces avantages, & il fait fes efforts pour inviter les fujets à en jouir ; le prix annuel fondé par Sa Majefté, en faveur de toutes les perfonnes, qui auront fervi l'Etat en frayant de nouvelles routes à l'induftrie nationale, ou en la perfectionnant effentiellement fur des objets de premiere néceffité, eft une de ces époques heureufes, propres à opérer un changement total dans l'efprit d'un peuple frivole, égaré par le luxe & le goût prétendu des beaux Arts. Les motifs de gloire & d'honneur, propofés dans l'Ordonnance du 28 Décembre 1777, en dirigeant l'induftrie vers les Arts de premiere néceffité, étoient le moyen le plus efficace, que pouvoient imaginer un Roi bienfaifant, un Miniftre digne émule de Colbert, un Gouvernement paternel & véritablement économique, pour ramener la Nation à fon *inſtitution primitive*, à ſa deſtination naturelle.

C'eſt auſſi le but de l'Ouvrage que l'on préſente au Public, ſous les auſpices du Gouvernement, qui en a ordonné l'impreſſion. Cet Ouvrage qui a concouru pour le Prix, comme contenant la théorie & la pratique d'un Art de premiere néceſſité, livré à une routine aveugle, eſt en même-tems le Traité le plus complet, qui ait encore paru ſur les grains & les ſubſiſtances. La connoiſſance des grains & de leurs différentes eſpeces, de leurs qualités, culture & uſages, de leurs maladies, des inſectes qui les dévorent, & des moyens de les en garantir; l'art, en un mot, de *conſerver les grains & celui de les moudre avec profit*, ſont des branches néceſſaires de l'Agriculture, & de cette *ſcience vraiment économique*, qui ſait ſe borner aux faits utiles. Les Bleds, ſpécialement deſtinés à la nourriture habituelle de l'homme, ſont en effet le but principal de l'Agriculture, ſans ceſſe occupée de leur réproduction : ils ſervent en même-tems de baſe & de matiere premiere à un commerce néceſſaire, fondé ſur nos beſoins réciproques, & ils ne peuvent être employés qu'après leur *converſion en farine*, dans ces machines induſtrieuſes, dont la théorie, la conſtruction méchanique & la conduite-pratique, ſont ordinairement confiées à des mains ignorantes, qui occasionnent un déchet & une perte confidérable de la denrée la plus précieufe. Tel eft l'objet du TRAITÉ GÉNÉRAL DES GRAINS ET DE LA MOUTURE PAR ÉCONOMIE, Ouvrage qui mérite d'autant plus l'attention du Public, que c'eft le ·fruit de dix années de veilles & de recherches, confacrées par l'Auteur à la perfection d'un Ouvrage ordonné par le feu Roi; qu'il a été rédigé fur les Mémoires fournis au Gouvernement, par les gens de l'art les plus inftruits, & qu'enfin on doit le regarder comme le réfumé de toutes les connoiffances acquifes jufqu'à préfent, fur l'article important des fubfiftances & de la légiflation des Grains. Voici à quelle occafion il a été entrepris.

Dans prefque tout le Royaume, *on ne moud les grains qu'une feule fois*; ce qui doit occafionner une perte confidérable de toutes les parties du grain, trop dures pour être broyées par un feul tour de meule. Telles·font le germe & l'amande du grain qui entoure le germe, de même que cette partie extérieure du grain qui fe trouve fous l'écorce, parce qu'étant plus expofée à l'air & au foleil, elle eft plus feche & plus dure que celle de l'intérieur. Ce font ces parties dures qui échappent aux meules brutes & groffieres, dans les moulages ordinaires , & qui forment des efpeces de noyaux , qu'on nomme *gruaux* ou fon dur : auparavant on les donnoit aux beftiaux, ou on les vendoit aux Amidonniers , pour faire de la poudre. Le profit énorme que faifoient les marchands de fon , & ceux qui faifoient remoudre le fon dur, engagea un Boulanger à propofer au Miniftere , une nouvelle maniere de moudre , pratiquée dans le fecret par quelques Fariniers du Parifis , afin d'épargner , par le remoulage des gruaux , la perte confidérable que faifoit l'Etat , des meilleures parties du grain. On fit des expériences publiques , par comparaifon , des deux manieres de moudre ; elles furent toutes à l'avantage de celle que le Boulanger appelloit *mouture économique* , tant pour le produit en farine , que pour la qualité du pain qui en réfultoit. On monta peu-à-peu les moulins de la Capitale , pour opérer fuivant la nouvelle Méthode ; & M. Bertin , alors Contrôleur-Général , voulant faire jouir tout le Royaume des mêmes avantages , envoya un des plus habiles Meuniers , dans les Provinces , pour y examiner l'état actuel des moutures ufitées, & les produits comparés avec ceux de la mouture économique , par des procès-verbaux authentiques , en préfence des Magiftrats. Les réfultats furent les mêmes qu'à

Paris. Il fut démontré, par la comparaiſon de toutes ces expériences, QUE L'ÉTAT PERDOIT PLUS DU QUART DES GRAINS, PAR LES MOUTURES BRUTES ET GROSSIERES.

Le Miniſtre éclairé, auquel on doit déjà tant d'Etabliſſemens utiles en faveur de l'Agriculture, des Arts & des Sciences, ſentit qu'il n'y avoit que l'INSTRUCTION PUBLIQUE, qui pût ouvrir les yeux ſur la perte que l'Etat & le Particulier faiſoient de la denrée la plus précieuſe, & remédier à ce déſordre. En conſéquence il ordonna de faire graver les Plans & deſſins des nouveaux Moulins économiques, afin d'y joindre l'explication des Figures, & les procès-verbaux qui conſtatoient les avantages de la nouvelle Méthode. Enfin il favoriſa les Etabliſſemens de Moulins économiques, que le Sieur Buquet, cet habile Meunier dont on a parlé plus haut, fit en pluſieurs Villes du Royaume. L'invention de ces machines ingénieuſes qui ſervent à broyer les grains, avoit toujours excité mon admiration : mais en examinant celles que le Sieur Buquet avoit ajoutées au Moulin économique qu'il monta à Dijon, je fus ſurpris de la ſimplicité des moyens employés par l'induſtrie, pour éviter les pertes que fait la mouture en groſſe, & je célébrai les avantages de la nouvelle Méthode, dans un Ouvrage latin, *fur les principes physiques de la végétation & de la fécondité*, imprimé à Dijon, chez Frantin, en 1767.

Dans l'intervalle, l'Académie & le Consulat de Lyon proposerent, par la voie des Journaux, un Prix en faveur du Mémoire, qui *établiroit les meilleurs moyens de moudre les grains nécessaires à la subsistance des habitans* de cette Ville commerçante. Le motif de ce Problême, étoit fondé sur les vaines tentatives de ceux qui avoient voulu y établir des moulins à vent, & sur ce que la position de Lyon semble ne lui permettre que d'avoir des moulins à bateaux, qui sont les plus imparfaits de tous les moulins, & les plus sujets aux chomage & aux accidens. Je saisis cette occasion pour traiter à fond tout ce qui concernoit le méchanisme & la construction des Moulins économiques, les moyens d'en établir à Lyon, & la maniere de moudre, en suivant la nouvelle Méthode dont j'avais eu occasion de m'instruire. Ce Discours, qui a été mis à la tête du Traité général des Grains, est divisé en trois Parties. La premiere renferme ce qui regarde les alimens & la nutrition ; la préférence qu'on doit donner aux végétaux, pour servir de nourriture ; la nature des des corps farineux, & la terre qui leur sert de base ; les fromentacées, & les diverses manieres d'en ufer ; le Bled & fes efpeces ; le choix qu'il en faut faire pour le moudre à propos, &c. Cette premiere Partie eft traduite de l'Ouvrage latin, cité plus haut. La feconde traite de l'invention des Moulins & de leurs parties principales ; moulins à bras ou à manége ; moulins à vent de diverfes fortes, & moyens d'en établir dans la Banlieue de Lyon ; moulins à eau, & moyens d'en conftruire fur un chenal qui joindroit la Saône au Rhône, &c. Ce dernier moyen a été adopté. La troifieme Partie comprend les principes phyfiques de l'art de moudre les grains ; les progrès & la décadence de cet art chez les différens Peuples ; la découverte de la mouture économique, fes procédés, fes avantages, &c. &c.

Sur le rapport avantageux qui fut fait de ce Mémoire au Miniftre, il le fit imprimer en 1769, & chargea l'Auteur, par ordre de Sa Majefté, de travailler au Traité de la Mouture par économie, d'après les Plans & Deffins des nouveaux Moulins, les procès-verbaux d'expériences publiques, & les mémoires & renfeignemens des meilleurs Artiftes, qui lui feroient remis. Muni d'auffi riches matériaux, l'Auteur conçut le vafte projet de faire un Ouvrage complet, fur tous les grains qui fervent de nourriture à l'homme, & d'y raffembler tout ce qui peut intéreffer l'Etat &

les

les Particuliers , fur l'article important des fubfiftances.

Il feroit inutile d'entretenir les Lecteurs des
raifons qui ont retardé jufqu'ici la publication
de cet Ouvrage , annoncé depuis fi longtems ,
& dont la premiere Partie , imprimée dès 1771,
n'a paru qu'en 1775 , fous les aufpices de notre
augufte Monarque , qui a bien voulu en agréer
la dédicace , & faire dire à l'Auteur , de conti-
nuer ce travail utile. La quantité de gravures
qui devoient accompagner cet Ouvrage im-
menfe , les recherches qu'il a fallu faire
pour y réunir toutes les connoiffances acquifes
fur cette matiere , & enfin le defir de perfectionner ce Traité général , & de le rendre digne
de la protection d'un Gouvernement éclairé ,
feroient d'ailleurs , (indépendemment de toute
autre circonftance ,) une excufe fuffifante du
retard. Il vaut mieux donner l'analyfe de cet
Ouvrage , pour en faire fentir l'utilité. Il eft
divifé en trois Parties. La *Premiere* , fur les
grains ; la *Seconde* , fur les *moulins* & les diverfes fortes de moutures ; la *Troifieme* , fur les
farines & *iffues* des grains.

PREMIERE PARTIE.

LA PREMIERE PARTIE, qui renferme
fix Chapitres , fubdivifés en plufieurs articles ,

traite des *Grains en général*; des différentes
fortes de bleds ; leur variété ; leur divifion en
gros Bleds, tels que les Fromens, les Seigles,
les Epeautres, &c ; en *Grains étrangers*, comme
les Ris, les Maïz, &c. en *petits Bleds*, comme
l'Orge, l'Avoine, le Millet, le Panis, le Bled
noir, &c. leurs qualités, culture & ufages ;
les diverfes qualités & maladies des bleds, avant
& après la récolte ; de leur examen, fur pied,
dans les granges, fur les greniers & aux marchés ; de la néceffité de les bien connoître, &
des principes pour parvenir à cette connoiffance, 1.º par la couleur du bled ; 2.º par la
forme ; 3.º par le poids & la balance d'effai,
dont on donne le plan & la figure ; 4.º par la
main ; 5.º par la netteté ; 6.º par l'odeur ;
7.º par le goût & la mâche. L'examen des
qualités des grains dûes au fol ou au terroir
marneux, argilleux, fablonneux ; ou à la différence des climats, & de la température ; ou
enfin, à la culture, comme le choix des fe-
mences, la préparation de la terre, la nature
des engrais, &c. Recherches fur le prix pro-
portionnel des grains, relativement à leurs qualités, & par comparaifon des uns avec les autres.
Du tranfport des grains, & de leur conduite par
terre ou par eau ; des précautions à prendre
pour les garantir d'avaries, putréfaction,

déchet, &c. des ennemis du bled, & des moyens de se garantir des ravages des animaux destructeurs; comme moineaux, pigeons, rats, insectes, pucerons, &c. Histoire naturelle du Charanson, des fausses teignes, de chenilles à grain, de l'insecte de l'Angoumois, & des moyens particuliers de les détruire. Expériences, faites par ordre du Gouvernement, pour faire périr les œufs, les vers & les insectes des grains, par le chaufournage, &c.

On passe ensuite à ce qui concerne la *conservation des Bleds* & les *greniers.d'abondance*. On y donne l'histoire des greniers publics, chez les Egyptiens, les Perses, les Grecs, les Romains, les Gaulois, &c. Les tentatives faites pour établir des greniers publics en France, & les moyens employés pour se garantir des *disettes*. On y fait l'historique de ce qui s'est passé à ce sujet, depuis l'origine de la Monarchie, & des malheurs occasionnés par les disettes, faute de précautions, ou par précautions mal prises. On y parle des greniers publics, établis dans quelques Villes de France, comme à Nancy, à Lyon, Besançon, Strasbourg, &c. Des inconvéniens de ces greniers, & des moyens de rendre ces Etablissemens utiles.

Après ces détails historiques sur les Greniers d'abondance, dont aucun Ecrivain n'avoit parlé

jufqu'ici , l'Auteur traite en particulier de la
Confervation des Grains. Il expofe les principes fur le deffêchement , la garde & le ma-
nœuvrage néceffaire à leur confervation ; les
moyens des Anciens pour parvenir à ce but ;
le deffêchement au foleil ; l'invention des Etuves en Italie ; les Expériences de M. Inthiery ;
les Etuves de M. Duhamel , caiffes de confervation & Ventilateur , &c. Comme les exemples font encore plus d'impreffion que les préceptes , on y donne les détails de conftruction
des Magafins & Greniers d'approvifionnemens
pour les Grains , auxquels on voudroit joindre
des Moulins économiques pour la fabrication des
Farines ; la manœuvre des Bleds dans ces greniers ; la defcription détaillée des greniers à bled
& des moulins économiques de *Corbeil ;* fix planches gravées , contenant les plans & les deffins
de ces Greniers , avec l'explication des figures.
On y a joint un long Mémoire , extrait du *Di-*
rectoire Impérial , contenant l'Hiftoire des Progrès de l'Agriculture à la *Chine ;* de l'établiffement des Greniers d'abondance, de leur conftruction ; des *Etuves Chinoifes ,* qui y font join-
tes ; de la diftribution des Grains à la Chine ,
dans les tems de difette & de calamités ; de la
police qui s'y obferve , &c. avec neuf planches
gravées , contenant les détails de conftruction

des Greniers & Etuves, précédées de l'explication des figures, &c.

Enfin, on termine cette premiere Partie par l'exposition des véritables *Principes sur le Commerce & la Législation des Grains*, l'Examen critique des divers systêmes, la nécessité d'une liberté entiere & sans aucunes entraves dans l'intérieur du Royaume, & dans les Provinces ; les dangers de l'exportation à l'Etranger, & de la liberté illimitée & non inspectée ; &c. la situation de la France & de l'Angleterre, relativement au commerce des Bleds ; la division de la France en *huit Climats*, par rapport à ses productions, & les conséquences qui en résultent pour le commerce des Grains ; les tables du prix des Grains dans les Marchés de Paris, depuis 1714 à 1763 ; les Réglemens sur le commerce des Bleds en France & en Angleterre ; les causes de leur diversité ; Examen des Loix promulgées dans les deux Etats, sur l'exportation des Grains, &c.

SECONDE PARTIE.

LA SECONDE PARTIE, qui est la plus importante en ce qu'elle est toute *pratique*, est divisée en huit Chapitres, subdivisés en plusieurs articles. On y traite d'abord des diverses *Machines à moudre* les Grains & des *Pré-*

liminaires de la Mouture ; des diverses manieres de moudre ; des inconvéniens des an-
ciennes méthodes ufitées dans le Royaume , &
des pertes occafionnées par les moutures brutes & groffieres ; des Principes phyfiques de
l'art de moudre ; de la néceffité du remoulage
des Gruaux ; de l'objet de la *mouture par éco-*
nomie , & des moyens peu coûteux d'adapter
cette pratique aux moulins ordinaires. On y
donne enfuite des obfervations fur les *princi-*
pales pieces des moulins , & fur les moyens
de les mettre en état d'opérer plus parfaite-
ment , par les juftes proportions de la roue ,
de l'arbre tournant & du rouet ; par des regles
fur la conftruction des lanternes , du palier
& d'une nouvelle crapaudine roulante; des deux
brayes, de l'arbre de fer , de l'annille , &c. fur
le choix des meules, la maniere de les rhabiller
en rayons, & de les mettre en moulage ; par des
confidérations générales fur l'effet des moulins
à eau , & la combinaifon calculée entre la for-
ce qui les met en mouvement , le poids & la
vîteffe des meules , &c.

On examine dans les autres Chapitres les
pieces particulieres aux moulins économiques,
telles que les cribles , tarares ou ventilateurs ,
& moulins de fer-blanc pour le nettoyage des
Grains , avec la maniere d'adapter ces machines aux rouages des moulins , pour éviter la

main-d'œuvre. On y traite de tout ce qui concerne le blutage, & les pieces qui lui donnent le mouvement. La conftruction des bluteaux, du dodinage, des bluteries cylindriques & à fons gras, des cribles à Gruaux & du Lanturelu, &c. On termine cette Partie méchanique par la *defcription d'un Moulin économique de Senlis*, dont on a fait graver toutes les pieces, foit par enfemble, foit par détail, avec l'explication des planches, vues fous toutes les faces, & le réfumé de toutes les machines du moulin économique, leur prix commun, &c.

L'Auteur ayant traité de ce qui concerne les *Moulins à Eau*, de toute efpece, paffe aux *Moulins à Vent*, dont il donne l'hiftoire, la théorie & la conftruction, avec le moyen de les monter par économie ; une nouvelle conftruction des *ailes* pour leur faire produire le plus grand effet poffible ; enfin la defcription d'un *Moulin à Chandelier*, avec l'explication des planches.

Les préceptes d'un art quelconque s'inculquent bien mieux dans l'efprit, lorfqu'on joint à la théorie l'image & la repréfentation de la chofe même ; mais lorfqu'il s'agit d'un art nouveau, tel que celui de la Mouture économique, dont le fuccès dépend de la perfection de machines auffi compliquées que celles d'un

Moulin économique , alors les gravures font
indifpenfables. C'eſt ce qui a déterminé le Miniftre zélé , par les ordres duquel cet utile ouvrage a été entrepris , à faire faire , par les
meilleurs Artiſtes, les plans & deſſins gravés de
toutes les machines de différentes fortes de
Moulins ; avec d'autant plus de raifon , qu'il
n'y avoit ni dans notre langue , ni dans au-
cune autre langue étrangere , aucun ouvrage
fur la Charpente, le Méchanifme , & la meil-
leure conſtruction des Moulins. Aujourd'hui
il eſt peu d'arts parmi ceux dont on a donné
des defcriptions féparées , qui jouiffent du même avantage d'avoir des gravures auffi multi-
pliées , & dont l'exécution rempliffe mieux leur
objet , qui eſt de faciliter la pratique du nouvel
art qu'on veut enfeigner.

L'ordre exigeoit , qu'après avoir enfeigné la
Théorie & le Méchanifme des Moulins économiques , & les regles de leur conſtruction ,
on donna les préceptes du nouvel art de moudre les Grains , fes produits , & les expériences qui conftatent fes avantages , &c. C'eſt ce
que fait l'Auteur dans les Chap. 5 , 6 & 7 de
la feconde Partie. Il y expofe dans le plus
grand détail les *Principes pratiques* , & les
procédés pour opérer *la Mouture par économie* ; fon produit commun , fes réfultatts fuc-
ceffifs , fuivant les trois claffes de Bled de la

tête, Bled *commun*, ou du *milieu*, & Bled de *qualité inférieure*, fur les Bleds fecs ou humides, vieux ou nouveaux, defféchés ou étuvés, &c.; la maniere de moudre par économie les Seigles, Méteils, Orges & petits Bleds; leurs réfultats & produits; les procédés d'une nouvelle méthode encore plus économique, dite Mouture à la Lyonnoife, ou *Mouture des Pauvres*, parce qu'elle a été fpécialement imaginée pour les Maifons de Charité; les procédés de la Mouture économique Allemande, dite *Mouture Saxonne*, fes avantages & fes inconvéniens, &c.

L'Auteur donne enfuite le *parallele authentique* des produits de la mouture économique, comparé avec ceux des moutures brutes, dites en *groffe* ou *ruftique*, ufitées dans le Royaume; les expériences faites à Paris, à Valenciennes, &c. & en préfence des Magiftrats; celles faites à l'Hôpital Général de Paris, qui, en adoptant les nouvelles méthodes, s'eft procuré une épargne d'environ cinq mille fetiers, ou de plus de 80000 liv. par an. Enfin, la comparaifon par *Tableaux calculés*, de toutes les manieres de moudre, & de leurs *réfultats* telles que les moutures *méridionale*, en *groffe*, *ruftique*, par *économie*, à la *Lyonnoife*, à l'*Allemande*; la maniere de moudre *à tout*, pour le pain de munition, & celui des

campagnes , &c. Le bénéfice pour Paris &
pour le Royaume , par les nouvelles méthodes, &c. Il donne enfuite le Recueil des Voya-
ges , f..i s par ordre du Gouvernement dans les
diverfes Provinces , pour y examiner l'état actuel des moutures , les pertes qu'elles occa-
fionnent ; les Expériences & Effais publics ,
faits en diverfes Villes du Royaume , & l'établiffement de la Mouture économique à Lyon,
à Dijon , à Troyes , à Bordeaux , en Picar-
die , en Gâtinois , à Salle en Poitou , &c.

L'objet de l'Auteur étant de faire un Traité
complet & utile à toutes les claffes de Citoyens,
il a cru devoir raffembler dans un article féparé
tous les *Réglemens généraux* , foit de la Légiflation, foit de la Police, foit du Droit Coutu-
mier , concernant la *Meunerie & le Droit fei-
neurial des Moulins.* Il y traite en Jurifconfulte de toutes les queftions de Jurifpru-
dence qui ont rapport à cette nature de biens ,
au fujet defquels il fe préfente fouvent au Palais
des conteftations embarraffantes fur le droit
d'affeoir Moulins; fur les cours d'eau; fur les ré-
parations & entretiens de Moulins & dépen-
dances , auxquels font tenus les Fermiers-Lo-
cataires & Meuniers, les Ufufruitiers, &c.;
fur les débordemens des biefs & cours d'eau ,
par le défaut d'entretien des vannages , ou par
l'élévation du radier des moulins ; des dom-

mages & intérêts qui en réfultent aux Propriétaires riverains , &c ; fur la Bannalité & fes inconvéniens ; fur le Droit de Mouture en nature ou en argent ; fur le poids & déchet des produits ; les vifites des Moulins mal-montés , ou fraîchement rhabillés , qui rendent le pain graveleux , dont l'ufage eft fi nuifible &c. La multitude des Procès , qui font retentir les Tribunaux , & qui occupent les Juges inférieurs peu éclairés fur ces objets importans , prouve l'utilité d'un pareil ouvrage ; il ne pouvoit être fait que par un Ecrivain, qui., après avoir traité, *ex profeffo* , de tout ce qui a rapport aux Grains & à l'art de les moudre , fût en même-tems Jurifconfulte par état, pour rappeller aux vrais principes dans cette matiere ufuelle. Il examine enfuite par forme de récapitulation , les avantages fans nombre qui réfulteroient de l'établiffement de la Mouture par économie dans tout le Royaume.

TROISIEME PARTIE.

L'Ouvrage eft terminé par un *Traité complet des Farines* de diverfes fortes , où l'on donne l'analyfe de cette fubftance alimentaire ; celle de tous les corps qui la fourniffent ; fes qualités & ufages , &c. Cette partie de

l'Ouvrage exige un détail particulier, pout en
faire fentir l'importance. L'Auteur y démontre
que l'homme ne peut *tirer fa fubfiftance que du
regne végétal* ; d'autant que la chair même des
animaux , dont il fe nourrit, n'eft formée
que des fubftances végétales , & qu'un animal
n'eft, pour ainfi dire , (felon l'expreffion du
Pline Suéd is) qu'une forte de légume pré-
paré par la main du Tout-Puiffant , pour fatisfaire nos befoins & nos appétits ; puifque la
chair eft compofée des mêmes parties que le
végétal , & que l'analyfe y retrouve les mêmes
principes , l'huile , le fel , la terre & l'eau , &
qu'il y a d'ailleurs une reffemblance parfaite
entre la fubftance gélatineufe , fournie par les
animaux , & la fubftance muqueufe des plantes ; qu'en général les alimens du regne végétal font plus fains , plus naturels que ceux
fournis par les animaux , parce qu'ils font
moins fujets à fe corrompre , & moins difpofés
à la putréfaction, d'où procédent la plûpart
des maladies , &c.

Dans le fait , fi l'on remonte à l'origine , ce
font les diverfes efpeces *de terres & de foffiles*
qui nous nourriffent, puifque les végétaux eux-
mêmes en font formés : mais les terres & les
minéraux ne peuvent fervir d'alimens directs ,
fi ce n'eft le fel dont on affaifonne les mets ,

& quelques terres folubles qui fe trouvent fur les bords du Gange , du Sénégal , & dans les pays chauds. La maffe des minéraux eft trop pefante , trop compacte , trop homogene , pour fervir d'alimens ; leurs parties font trop grof-fieres , trop dures, pour s'atténuer & devenir capables de remplacer dans des organes tendres & délicats , les parties fines que nous perdons par une tranfpiration infenfible. Il n'y a au-cune analogie entre les unes & les autres ; nul rapport de conformation entre des minéraux groffiers , roides , anguleux , propres à brifer , à déchirer , & entre les fibres délicates de nos corps ; la différence d'inertie , de dureté , de folidité , entre les particules minérales , & cel-les du fang , eft trop confidérable pour que les premieres puiffent fe convertir immédiate-ment dans les fecondes , avant d'avoir *changé de nature , en paffant par le regne végétal.*

Ce font donc les couloirs fi fins , fi ferrés , & les vaiffeaux fi délicats des plantes , qui doi-vent auparavant amincir , atténuer les parti-cules terreufes & minérales déjà diffoutes par les acides , & par l'eau qui fert de véhicule pour les introduire dans les racines ; la circu-lation de la feve concourt à les élaborer de nouveau dans les vaiffeaux propres des plantes, pour en former une *fubftance muqueufe ,* ca-

pable de devenir la plante elle-même , par la
nutrition & l'accroissement. C'est donc par le
moyen de l'*organisation végétale*, que la nature
tire de la terre elle-même de quoi nous nourrir ; qu'elle fait envelopper dans une juste pro-
portion les sels , les souffres , les acides & les
alkalis dans les parties visqueuses de l'huile &
de l'eau ; absorber l'air & le feu qui circulent
en si grande abondance sur la superficie de la
terre , & dans son sein ; & les identifier, pour
ainsi dire , avec les molécules terreuses les plus
fines que la feve tient en dissolution ; en un
mot, réunir tous ces principes élémentaires ,
si différents par leur nature opposée , & les
fondre dans la pulpe des fruits , dans la chair
des amandes & des graines , pour que la *Terre*
& tout ce qu'elle enferme *puisse nourrir les
animaux , par l'intermede des végétaux* , &
pour que l'*appropriation* ait lieu entre des
regnes aussi opposés.

Cette *substance muqueuse* , qui s'élabore
dans les plantes & qui les nourrit, est proprement celle qui fournit, par la condensa-
tion & le desséchement, ce qu'on nomme LE
CORPS FARINEUX , si abondamment répandu
dans le regne végétal : c'est la même substance
qui sert à alimenter les deux regnes organi-
sés , par l'intus-susception & l'appropriation

Qu'eſt-ce donc que le CORPS FARINEUX ? c'eſt, répond l'Auteur , un mixte formé par la combinaiſon des ſucs ſéveux & végétaux épaiſſis , qui compoſent le *corps muqueux* végétal , & d'une eſpece de *terre* , ſoit argille blanche , ſoit alkaline ou calcaire , analogue à l'amidon ou fécule de certaines racines. L'Auteur développe cette définition ; il en donne les preuves les plus complettes , & fait voir que l'amidon n'eſt que la partie terreuſe du *corps farineux*. Il répond à toutes les objections , & c'eſt de la nature même de cette ſubſtance & de ſes parties conſtituantes , qu'il déduit toutes ſes propriétés ſingulieres.

On examine enſuite le corps farineux dans les végétaux qui l e fourniſſent , & la diverſité de ſa maniere d'être dans les différentes plantes & graines propres à faire du pain : on paſſe en revûe toutes les *familles des plantes* , quido nnent le *corps farineux nutritif* en plus grande abondance , telles que toutes les eſpeces de *Graminées* ; les *Légumineuſes* , les *Orchides* , les *Arums* , les *Umbelliferes* , les *Morelles* , *&c. &c.* On y fait l'analyſe de plus de cent eſpeces de *végétaux farineux & ſuccédanés* , c'eſt-à-dire , propres à remplacer le pain en tems de diſette. Il n'y a rien dans notre langue d'auſſi complet en ce genre , & qui

préfente en même-tems plus de reffources au
Commerce étranger , & de débouchés à l'induftrie nationale , par la préparation de plufieurs efpeces de Farines extraites des végétaux , qui croiffent fpontanément par toute la
France, & qui, indépendamment de leurs qualités nutritives , ont d'autres propriétes propres
à en faire un objet de Commerce : tels font
l'Orge, le Froment, le Maïs, le Sarrazin,
les Orchides , qui fourniffent le Salep , les
Ornitogales, la Geffe, la Terrenoix, les Pom-
mes & Poires de terre, la Châtaigne, la Faine,
le Gland , la Noix, & une infinité d'autres, dont
l'Auteur enfeigne la maniere d'extraire la farine , & dont il décrit les qualités , la préparation & les ufages. Il prouve par une infinité
d'exemples , que fi les gens de la campagne
étoient plus inftruits des reffources qu'ils ont
pour ainfi dire fous la main, ils pourroient dans
la faifon, raffembler une telle provifion de fe-
mences , de fruits & de racines propres à four-
nir une Farine nutritive , qu'ils n'auroient
befoin , dans les tems de cherté, que de très-
peu de bled pour leur entretien , & celui de
leur famille, & qu'ils ne feroient pas forcés
de fe jetter , dès l'ouverture des moiffons,
fur les grains humides , dont l'ufage pernicieux
occafionne des maladies Endémiques , qui dé-

routent

routent la fcience des Médecins , parce que la
caufe en eft inconnue.

Comme le *corps farineux* de toutes les
plantes, le céde à celui du froment, en qualités & en propriétés ; l'Auteur donne dans
un article particulier, l'*Analyfe chymique de
la farine de froment* , & des quatre fubftances qui la compofent. Il fait voir que la farine
de froment eft un *mixte fur - compofé* ; &
qu'indépendamment des principes élémentaires,
qu'on en retire en derniere analyfe par la diftil-
lation , il fuffit d'employer les manipulations
les plus fimples , pour en féparer à froid par
l'interméde aqueux , plufieurs parties effentiellement diftinctes , ayant chacune des effets
particuliers & des propriétés différentes, fa-
voir : 1.° une *fubftance glutineufe*, élaftique ,
ténace & réfineufe par le defféchement ; mais
qui étant imbibée d'eau , fe corrompt & fe
putréfie comme les chairs des animaux , dont
elle a toutes les propriétés , ce qui l'a fait
nommer *Végeto-animale* , & regarder comme
la fubftance nutritive par excellence, qui ne
fe trouve que dans le froment. 2°. Une *fubftance muqueufe* fucrée & gommeufe , que
d'autres nomment *fyrupeufe* , & qu'il eft facile
de réduire par l'évaporation , en véritable fu-
cre. 3°. Une *fubftance amylacée* , acide, ter-

reufe , & pefante , qui fe dépofe dans l'eau
froide par fubfidence , & qui demeure inalté-
rable à froid, mais qui conferve toujours affez de
muqueux & de glutineux , pour former à l'eau
bouillante une efpece de gélée , qu'on nomme
colle ou empois. 4°. Une *fubftance fibreufe*,
ligneufe & corticale , plus ou moins abon-
dante , fuivant que la Farine eft plus ou moins
purgée de fon , &c.

L'Auteur examine féparément la nature & les
propriétés de ces quatre fubftances , leurs ufages ; toutes les expériences faites fur chacunes
d'elles , par les Auteurs qui en ont traité
ex profeffo , & les conféquences qu'on en doit
tirer pour la connoiffance des Farines , leur
confervation , &c.

Il ne fuffifoit pas d'avoir analyfé les parties
conftituantes de la Farine de Froment , pour
en connoître les qualités & les différences : ces
fortes d'analyfes chymiques , font ordinairement plus propres à fatisfaire la curiofité infa-
tiable des Phyficiens qu'à donner des connoiffances pratiques , qui ne s'acquiérent que par
l'ufage , mais qui ne trompent jamais les hommes exercés. C'eft par ces connoiffances pratiques dûes aux Commerçans , & par les
moyens ordinaires, tels que la *couleur*, l'*odeur*,
le *taɛt*, le *poids* , *l'eau* , la *pâte* , la *cuiffon* ,

&c. que l'Auteur examine dans un article sé-
paré, les qualités & différences des Farines,
pour apprendre à distinguer celles qui sont *dou-
ces*, de celles qui sont *revêches*; celles qui ont
du corps, du *nerf*, qui sont dures & *gruauleuses*,
de celles qui sont creuses, molles, & légeres;
celles qui sont propres à faire du bon pain, fa-
ciles au travail, & qui foisonnent davantage; (il
y a des Farines qui donnent jusqu'à un tiers
de pain, de plus que d'autres;) le mêlange qu'il
en faut faire, pour ce qu'on nomme une *bonne
marchandise*; les différences, entre ce qu'on
nomme *fleur*, ou *Farine de Bled*, & *Farines* de
gruaux, premiere, seconde, troisieme & qua-
trieme; l'usage des gruaux pour faire la pâtis-
serie, la semoule, le vermichel & autres pâ-
tes, &c. l'usage des issues du Grain, tels que les
gras, *moyens* & *petits* *sons*, &c.

L'Auteur traite ensuite de la *conservation
des Farines*, article de la plus grande importance pour l'Etat, puisque c'est la *base du
Commerce* le plus lucratif, inconnu jusqu'à nos
jours, & pratiqué seulement en Guienne avec
tous les défauts, & les inconvéniens des moû-
tures brutes & grossieres. Il prouve que des
quatre substances *glutineuse*, *muqueuse*, *amylacée* & *corticale* qui composent la Farine, il y en
a trois qui tournent très-promptement à la putré-

faction, tandis que l'amidon, qui n'est qu'une terre ~~très-atténuée~~ unie par l'acide au corps muqueux, a plus de propension à l'aigreur ; mais que, lorsqu'il est combiné avec les autres parties constituantes, il est également sujet à la putréfaction qu'elles lui communiquent. Ainsi par sa nature, la Farine est un mixte très-susceptible de fermentation, sujet à s'échauffer & à se gâter, sur-tout en Eté, lorsque l'air est humide & dans les tems d'orage. Il donne les régles & les principes pour la conservation des Farines, telles que le choix, & la bonne qualité des Grains dont elles sont extraites ; la maniere de les moudre & de les mêler, de leur donner du nerf & du corps par le remoulage des gruaux ; de la séparation exacte des sons ; du refroidissement de la Farine, jusqu'à ce qu'elle ait fait son effet ; de l'endroit où on la conserve, pour la garantir de l'action de l'air, & sur-tout des vapeurs infectes, &c &c. Il passe ensuite à la *fabrication des Farines économiques*, pour le Commerce de Mer & des Colonies, pour l'approvisionnement des Marines Royale & Marchande ; il rapporte les expériences faites à ce sujet, par ordre du Gouvernement ; la construction des Etuves à Farine, pour les dessécher & étuver ; l'avantage des Farines étuvées; la maniere de les embariller, &c. &c.

Le nouvel art de moudre les grains par économie, en apprenant aux hommes le secret inappréciable de tirer, sans aucun déchet, tout le produit des Grains, & de fabriquer les meilleures farines, fraye donc en même tems, une nouvelle route à l'industrie nationale & *procure une nouvelle branche de Commerce avec l'étranger.* C'est dans la préparation des matieres premieres de notre crû & des productions de notre sol, que l'industrie saura se faire, & se ménager un *objet perpétuel, & sans cesse renaissant du Commerce le plus lucratif & le plus fructueux.* L'Auteur présente en détail tous les *avantages de l'exportation des Farines sur celle des Grains en nature;* cet objet est neuf, & de la plus grande importance, pour un peuple agricole & marchand. En effet, le transport des *farines économiques* est plus commode, moins coûteux, moins embarrassant, moins risquable, que celui des Bleds; leur conservation est plus facile & plus sûre; leur fabrication nous fait gagner la main d'œuvre, qui emploie utilement une infinité de bras; cette main d'œuvre ajoute à la matiere premiere un prix considérable, qui fait pancher en notre faveur, la balance du Commerce. L'exploitation avan-

C iij

tageuſe des Farines économiques , ne pouvant ſe faire utilement, que ſix à ſept mois après la récolte, (lorſque les grains bien reſſuyés & deſſechés, ſont dans leur vrai point de production), ce nouveau genre de Commerce nous ménage toujours une année d'avance , & une reſſource contre les diſettes ; il n'y a que le *ſuperfin* qui paſſe à l'étranger ; il laiſſe au petit peuple l'uſage des *Biſailles*, qui ne peuvent être exportées ; les *ſons* & les *iſſues* reſtent en France, au profit de nos beſtiaux, dont le nourriſſage offre une nouvelle reſſource ; le débit des bois de hêtre pour les *Barils & Minots à Farine*, & tout ce qui dépend de la Tonnellerie ; la Fabrique des étoffes de laine , pour les *Bluteaux*, & un grand nombre d'autres Arts, qui tiennent à ce genre de Commerce , ſeront vivifiés par ce nouveau débouché de l'induſtrie , &c.

Cette partie de l'ouvrage, donne auſſi la ſolution du problême tant agité de nos jours ſur *l'utilité & les dangers de l'exportation des Grains , & de la liberté illimitée*. L'Auteur démontre que l'exportation des Farines à l'étranger , accordée par l'Arrêt du Conſeil, du 21 Novembre 1763, préſentoit d'elle-même tous les avantages qu'on ſe promettoit de de la liberté du Commerce des Grains , ſans aucuns des inconvéniens , qu'on pourroit craindre de celle-ci ; qu'il ne fera jamais nuifible de *permettre l'exportation des Farines économiques* , & qu'il fera toujours dangereux d'accorder celle des Bleds, qui peut répandre une inquiétude générale , & contrarier tous les travaux d'induftrie , par les fecouffes qu'elle occafionne dans le prix de la main d'œuvre ; qu'enfin la liberté du Commerce des Farines économiques réveille l'induftrie dans le Royaume , fans crainte que l'exportation nuife à l'abondance, parce qu'il n'en fort que très-peu ; c'eft-à-dire , feulement le *fuperfin* , & le plus propre à paffer à nos Colonies , ce qui fe réduit à une petite quantité. Mais cette vente du fuperfin à l'étranger , laiffe dans le pays, (indépendamment du prix de la chofe,) un prix de main d'œuvre confidérable , & fournit en même tems un débouché avantageux , qui encourage néceffairement l'agriculture dans toutes fes branches, fans expofer les habitans des villes & des provinces, à voir enlever toutes leurs fubfiftances à la fois , comme dans le Commerce libre des Bleds en nature & l'exportation des Grains à l'étranger , &c. &c.

Le *Commerce intérieur* des Farines économiques réunit autant d'avantages, que *l'extérieur* apporte de bénéfices. L'Auteur fait voir dans le même ouvrage, que le Commerce en détail des Farines économiques feroit, (s'il étoit encouragé), *la fauve-garde de l'égalité, du prix des Grains*, fi defirable chez une Nation induftrieufe, qui doit une partie de fon opulence, aux Arts, aux Manufactures & aux bas prix des mains-d'œuvres ; que ce Commerce offriroit en même tems un moyen heureux & facile, pour empêcher les fpéculations des monopoleurs & des cápitaliftes, pour prévenir les difettes & les renchériffemens fubits, pour appaifer les émeutes populaires dans les tems de cherté des Grains & du chommage des Moulins, & pour donner aux journaliers la facilité de fe procurer en tout tems de quoi faire une petite quantité de pain proportionnelle à la modicité de leurs gains. Il prouve par des exemples & par des faits, que les magafins de Farines économiques établis dans les villes & les campagnes, & fur-tout à portée des rivieres navigables, faciliteroient le tranfport & la *circulation intérieure des denrées de premiere néceffité*; & qu'ils affureroient en même tems le moyen le plus prompt, & le plus fûr de fecourir l'indigence, en ramenant les Grains à un prix raifonnable, qui fe foutiendroit toujours à-peu-près le même, à caufe des approvifionemens que ne manqueroient pas de faire les Meûniers & Marchands Fariniers, pour avoir leurs magafins toujours fournis de Farines de toutes qualités, & pour profiter du bénéfice confidérable, qu'il y a, à n'exploiter que des Grains très-vieux & très-fecs :

Que ce Commerce libre des Farines économiques prévient toutes les pertes de tems, d'argent & de denrées auxquelles font expofés les particuliers qui font moudre à leur propre compte ; parce que les Meûniers & Marchands fariniers font plus entendus dans cette partie, font moudre de groffes quantités à la fois, favent les mélanges convenables, tirent un plus fort produit, & épargnent les frais ; ce qui fait tourner au profit du public, le bon prix, & tous les avantages de la concurrence, fans que l'étranger puiffe jamais être admis à ce bénéfice : que le bas peuple, les artifans, & les journaliers, qui font eux-mêmes leur pain de ménage, pour épargner les gains couverts & illicites des Boulangers, fouhaiteroient également pouvoir fauver les pertes & la confommation qui fe font dans les Moulins mal-montés & mal-menés ; & qu'on parviendroit à ce but, par l'établiffement des Magafins de Farines économiques, où l'on en trouveroit en tout tems de telle qualité, à tel prix, & en fi petite quantité qu'on le voudroit; principalement dans les tems de cherté, où le pauvre, qui ne peut acheter à la groffe mefure dans les Marchés, eft forcé de fe pourvoir malgré lui chez le Boulanger.

Que ce Commerce ouvert en tout tems, & réfervé par fa nature aux Meûniers & Marchands fariniers, empêcheroit mieux que tout autre moyen les *abus du Monopole*, & les dangereufes fpéculations des capitaliftes qui travaillent fur les Grains, & qui jettent habilement l'épouvante fur la rareté de la denrée qu'ils ont occafionnée, afin de profiter de la *hauffe fubite*, qu'ils donnent au prix des Grains par cette adreffe frauduleufe; qu'on ne verroit plus de troubles, ni d'émeutes populaires, être la fuite d'un furhauffement paffager, parce que les Commerçans de Farines économiques ayant feuls à traiter avec les Blattiers, Fermiers & Laboureurs, feront en gros l'avance de l'augmentation du prix des Grains, qui deviendra infenfible au peuple; car n'ayant pas l'enfemble de l'achat du fetier & de l'augmentation fubite, à payer en une fois & dans le même moment, il n'appercevra dans ces cas-là, qu'un très-foible renchériffement de quelque deniers par livre de pain, ce qui le tranquillifera, dans l'ignorance où il fera de la rareté;

qu'enfin un feul Commerçant de Farines fuffi-
fant pour approvifionner plufieurs milliers de
perfonnes, & les Farines économiques étant
d'une garde plus sûre & plus facile que celle
des Grains, d'un tranfport plus aifé & moins
coûteux, on aura toujours dans ces magafins
de Farines, une reffource affurée contre les difettes, &c. &c.

On terminera ce Précis-Analytique par une
remarque effentielle ; c'eft que diverfes cir-
conftances ayant retardé la publication de
l'Ouvrage, quoiqu'imprimé depuis plufieurs années, on s'y eft fervi *d'objets de comparaifon pour les produits*, qui ont quelquefois
rapport à des tems antérieurs à la perfection de cette partie de la Science économique.
L'Art de moudre les Grains a fait des progrès confidérables, fur-tout à Paris & dans
les environs, depuis les expériences publiques
de 1760, & les effais authentiques faits en divers lieux. Les divers Ouvrages de l'Auteur,
les Annonces & Ecrits économiques, & fur-
tout les Ephémérides du citoyen, & les
Avis au peuple ; la premiere partie du Traité de la Mouture économique, & le *Manuel du
Meûnier*, imprimés par ordre du Gouvernement, & publiés en 1775, n'ont pas peu
contribué à perfectionner les diverfes métho-

des de Mouture , même les plus brutes ; en-
forte qu'il y auroit de l'injuftice à reprocher à
l'Auteur, qu'il fait trop valoir aujourd'hui la
méthode économique , puifque c'eft à cette pu-
blicité qu'on doit les progrès que l'on a faits
dans les autres méthodes. On trouvera la vérité
de ce qui y eft énoncé fur l'ancien produit
des Grains , fi l'on veut confulter l'art de
la Meûnerie , par M. Malouin. Pour être
un peu plus avancé dans la Capitale & les
environs , fur l'Art de moudre les Grains , on
n'en eft pas moins ignorant fur cet objet dans
prefque toutes les provinces du Royaume ; ce
qui fait voir en même tems l'intérêt qu'auroit le
Gouvernement de former des *Ecoles de Meûne-*
rie, dans lefquelles , les éléves s'inftruiroient en
même tems, foit dans le méchanifme & la conftruction de ces induftrieufes machines , qui fervent à préparer le premier de nos alimens, foit
dans l'Art économique de moudre les Grains
qui procure au peuple l'ÉPARGNE D'UN QUART,
& même quelquefois D'UN TIERS, fur‑tout
dans les années humides ; & qui , en faifant la
richeffe de l'Etat & des particuliers , facilite
le Commerce des Farines en détail , fi utile au
peuple hors d'état de s'approvifionner.

CATALOGUE
DES OUVRAGES IMPRIMÉS
DE L'AUTEUR.

I

DE *principiis Vegetationis & Agricul-turæ, & Difquifitio Phyfica* : in - 8°. Dijon, Frantin, 1768. Cet Ouvrage, approuvé par l'Académie de Dijon, à qui il eſt dédié, traite à fond des Principes phyſiques de la Végétation, & de la Fécondité des terres ; de l'Analyſe Botanique du Froment, & des conféquences qu'on en tire pour ſa culture, ſa multiplication, &c. de l'Origine de la terre végétale, & de ſa formation ; de la Diviſion des terres en pluſieurs ſoles ; des Coutumes locales uſitées en Bourgogne, &c. Il y en a deux traductions Françoiſes ; l'une de l'Auteur, avec des Obſervations en forme de Commentaires, eſt reſtée manuſcrite ; l'autre de M. Béguillet, Directeur des poſtes à Auch, eſt inſérée dans la nouvelle Édition des Œuvres de M. le Préſident d'Orbeſſant. Cet Ouvrage a été auſſi traduit en Italien, par la fameuſe Laura Baſſi, Dame auſſi diſtinguée par ſa vaſte érudition, que par ſes Chefs-d'œuvres d'Anatomie en cire.

II.

DISCOURS envoyé à l'Académie de Lyon, *ſur les Moyens d'approviſionner cette grande Ville, & de moudre les Grains né-*

cessaires à la subsistance de ses Habitans : in-
8°. & in-4°. Paris, Simon, 1769. Cet Ouvrage
a été imprimé aux frais du Gouvernement.

III.

*MÉMOIRES sur les Avantages de la
Moûture économique, & du Commerce des Farines en detail, pour prévenir les disettes :*
in-8°. Dijon, Frantin, 1769. Ces Mémoires,
ont été présentés en 1769, aux Etats de Bourgogne, qui (à la vue des avantages de la nouvelle Méthode de moudre les Grains, & des
moyens de prévenir les disettes dans les Villes
par les magasins de Farines économiques ven-
dues en détail), accorderent 600 liv. de grati-
fication annuelle au sieur Buquet, Auteur de
cet établissement.

IV.

*ŒNOLOGIE, ou Traité de la Vigne, &
des Vins,* in-12. Dijon, Defay, 1770. On peut
voir ce que M. Dupont dit de cet Ouvrage,
dans les Ephémérides du Citoyen. Les Contre-
façons & les plagiaires ont privé l'Auteur du
fruit de son travail, sans le citer : mais on en
donnera bientôt une nouvelle Edition, considé-
blement augmentée de tout ce qui regarde la
culture des vignes en Bourgogne.

V.

*DISSERTATION sur les Maladies des
Grains, & les Bleds ergotés :* in-4°. Dijon,
Frantin, 1772. Cette Dissertation, où l'on
recherche la cause, & l'origine de l'Ergot,
les suites & les dangers de ce corps farineux,
&c. a été imprimée & distribuée gratuite-

ment , par ordre de M. Amelot , Miniftre
d'Etat , alors Intendant de Bourgogne.

VI.

PRÉCIS de l'Hiftoire de Bourgogne , &c.
in-8°. Dijon , Cauffe , 1772.

VII.

*HISTOIRE DES GUERRES des deux
Bourgognes , fous la maifon de Bourbon :* 2
vol. in-12. Dijon , Defay , 1772. Il n'y a que
les deux premiers Volumes d'imprimés ; ils
contiennent les Siéges de Dole , & de Saint-
Jean de Lône , en 1636. Cet Ouvrage a été
imprimé aux frais de la Ville de Saint-Jean de
Lône , qui a en même-tems accordé à l'Auteur,
la qualité de Citoyen. M. D'Uffieux en a fait
le fujet d'un Drame héroique , intitulé : *Les
Héros François,* ou le *Siége de S. Jean de Lône.*

VIII.

*DESCRIPTION GÉNÉRALE & par-
culiere du Duché de Bourgogne , précédée de
l'Abrégé hiftorique de cette Province, & d'une
Differtation fur les anciens PAGI :* 2 vol. in-
8°. Dijon , 1774 & 1775. Le fieur Abbé Cour-
tepée continue la Defcription particuliere ;
mais l'Auteur donnera une nouvelle Édition
féparée de cet Ouvrage , afin de n'y inférer,
que ce qui concerne l'Hiftoire naturelle & ci-
vile de la Bourgogne. Cette Édition fera con-
fidérablement augmentée ; l'Auteur y joindra
fes *Recherches fur les moyens de perfectionner
les Laines & les Manufactures en Bourgogne,
& fur la multiplication des troupeaux à Laine
fine ,* Ouvrage entrepris par ordre exprès des
Etats de Bourgogne.

IX.

*MANUEL DU MEUNIER & du Char-
pentier de Moulins économiques*, avec figures :
in-8°. Paris, Didot, 1775. Cet Ouvrage, imprimé
par ordre du Gouvernement, eſt l'Abrégé de
celui qui ſuit.

X.

*TRAITÉ GÉNÉRAL des Subſiſtances &
des Grains qui ſervent à la nourriture de
l'homme, &c. du méchaniſme & de la conſtruction de toutes ſortes de Moulins, & du nouvel Art de moudre les Grains par économie*,
&c. 2 vol. in-4°. Paris, 1775 & 1779. Cet
Ouvrage, dédié au Roi, & imprimé par ordre du
Gouvernement, eſt orné de plus de 50 planches enluminées, par les meilleurs Artiſtes. Il
y en a une ſeconde Edition en 6 vol. in-8°.
Voyez l'Analyſe de tout l'Ouvrage, dans le
Précis qui précéde ce Catalogue.

XI.

*DESCRIPTION hiſtorique de Paris, & de
ſes plus beaux Monumens*, orneé d'un grand
nombre de figures en taille-douce, 1er. vol.
in-8°. & in-4°., pour ſervir d'Introduction à
une *nouvelle Hiſtoire de Paris & de la France*.
Voyez le Diſcours préliminaire, qui eſt à la
tête de cet Ouvrage.

XII.

PLUSIEURS MÉMOIRES publiés dans les
Journaux, & dans les Supplémens de l'Encyclopédie. Mémoires ſur l'origine & les fonctions
des Notaires de Dijon, &c. &c.

De l'Imprimerie de GRANGE, rue de la Parcheminerie.